Bibliografische Information der Deutschen Nationalbibliothek:

Die Deutsche Bibliothek verzeichnet diese Publikation in der Deutschen National-
bibliografie; detaillierte bibliografische Daten sind im Internet über http://dnb.d-
nb.de/ abrufbar.

Impressum:

Copyright © 2010 GRIN Verlag, Open Publishing GmbH
Druck und Bindung: Books on Demand GmbH, Norderstedt Germany
ISBN: 978-3-668-10486-0

Dieses Buch bei GRIN:

http://www.grin.com/de/e-book/199943/die-entwicklung-der-muenchener-schule-
der-sozialgeographie

David Hanio

Die Entwicklung der Münchener Schule der Sozialgeographie

GRIN Verlag

Institut für Geographie
Westfälische Wilhelms- Universität Münster
Seminar: Bevölkerungs- und Sozialgeographie, Kurs B

SS 2010

Die Entwicklung der „Münchener Schule"
der Sozialgeographie

Bearbeitet von:
David Hanio

Inhaltsverzeichnis

1. Einleitung

In der folgenden Hausarbeit wird das Thema, -die Entwicklung der „Münchener Schule" der Sozialgeographie- thematisiert. Diese stellt eine Ausarbeitung des Referatsthemas „Daseinsgrundfunktionen der Münchener Schule" dar.

Allgemein lässt sich die „Münchener Schule" als prägender Teil der Sozialgeographie in der Anthropogeographie beschreiben, die über Jahre hinweg die Strukturen der Wissenschaft beeinflusste. Ihren Ursprung hat die „Münchener Schule" an dem sozialwissenschaftlichen geographischen Institut in München, wodurch sich die Sozialgeographie in der Humangeographie eingliederte und letztlich verankerte. Die Stadt München wurde circa ab 1952 das Zentrum der sozialgeographischen Forschung im deutschsprachigen Raum (vgl. SCHENK et al. 2005, S. 151).

Als Grundgerüst der „Münchener Sozialgeographie" ist der Funktionalismus zu betrachten, der im ersten Teil der Hausarbeit ausführlich bearbeitet wird. Dabei wird durch mich Bezug auf die ersten Entwicklungen in Richtung Sozialgeographie genommen und wichtige Akteure der Zeit vorgestellt. Darauffolgend wird das Hauptthema der Hausarbeit die Entwicklung der „Münchener Schule" intensiv bearbeitet. Hierbei werden die ersten inhaltlichen Fakten zum historischen Kontext sowie der Zusammenhang zum Funktionalismus erläutert. Ebenfalls werden die genauen Ansichten von Ruppert, Schaffer, Paesler und Maier zur Sozialgeographie und deren Gruppenkonzept ausformuliert. Schließlich war der theoretische Ansatz von Ruppert, Maier, Paesler und Schaffer maßgeblich für die Entwicklung der Sozialgeographie innerhalb Deutschlands, der in von ihnen erschienenem Studienbuch niedergeschrieben ist (vgl. SCHENK et al. 2005, S. 152).

Im nächsten Gliederungspunkt wird auf die Daseinsgrundfunktionen eingegangen, die als relevanter Inhalt der „Münchener Schule" betrachtet werden muss.

Anschließend wird die „Münchener Schule" als wichtiges Konzept der heutigen Sozialgeographie und auf den Bezug der vorherigen Gliederungspunkte zusammengefasst. Zusätzlich erfolgt die Kritik an dem Konzept der „Münchener Schule", die nach einigen Kritikern nicht ausführlich ausgearbeitet wurde und erhebliche Fehler aufweist.

Am Ende der Hausarbeit erfolgt das Fazit, das die Ergebnisse der Hausarbeit bündelt.

2. Der Funktionalismus

Als grundlegendes Manifest der modernen Städteplanung gilt die „Charta von Athen" (1942) (vgl. REUBER 2000, S. 30). Diese wurde von dem Stadtplaner und Architekten Le Corbusier zwischen den Jahren 1928 und 1938 verfasst und schließlich 1942 publiziert (vgl. HEINEBERG 2007, S. 139).

Die Zielvorstellung der „Charta von Athen" liegt in der Umgestaltung von der mittelalterlich geprägten Stadtstruktur zu einer Struktur, die den modernen Bedürfnissen und Anforderungen gerecht werden kann. Es wird ein neuer urbaner Lebenskontext erschaffen, der den modernen Lebensweisen angepasst ist.

Die „Charta von Athen" stellt das Fundament der funktionellen Stadtplanung dar. Dies ist durch den Umstand zu erklären, dass in den Paragraphen der „Charta von Athen" eine konzeptionelle Anleitung für den Bau der „funktionellen Stadt", in der alle Lebensbereich gleichermaßen berücksichtigt werden soll, verankert ist.

Die „funktionelle Stadt" ist als ein bedürfnisorientiertes Konzept zu sehen, in dem der Verkehr als der Hauptverbindungspunkt zwischen den verschiedenen Bedürfnissen der Stadt gesehen wird.

Es gab primär zwei verschiedene Ansätze der Wirtschaftsraumforschung, die zur Entstehung der „funktionalen Phase" ausschlaggebend waren. Zunächst werden in der struktur- funktionalen Richtung physische Bedingungen als grundlegender Faktor zur Differenzierung vom Wirtschaftsraum betrachtet. Dagegen wird bei der funktional- strukturellen Richtung die Bedeutung der sozial-ökonomischen Bedingungen bei der Gestaltung der erdräumlichen Anordnungsmuster hervorgehoben. Somit wird bei dem zweiten Ansatz das naturdeterministische Denken in den Hintergrund gedrängt und „[...] man nähert sich einer sozial-ökonomischen Argumentation bei der Erklärung der erdräumlichen Anordnungsmuster" (WERLEN 2008, S. 110). Diese Durchsetzung war der erste Schritt in Richtung der sozialgeographischen Betrachtungsweise.

Somit ergibt sich die „funktionelle Phase", in der raumrelevante menschliche Tätigkeiten oder „Funktionen" thematisiert werden (vgl. SCHENK et al. 2005, S. 147).

Als umstrittener Fakt ist die Wechselwirkung zwischen vorhandenen Bedürfnissen und menschlichem Handeln anzunehmen. Dadurch führten die „Funktionalisten" die bedürfniszentrierte Betrachtungsweise menschlicher Tätigkeiten in die Sozialwissenschaften ein. Signifikante Persönlichkeiten der „funktionellen Phase" waren der französische Soziologe Emile Durkheim und der Sozialanthropologe Bronislaw Malinowski. Durkheim erarbeitete die Grundlagen in der Soziologie und setzte einen Grundstein vom Funktionalismus. Dagegen entwickelte Bronislaw Malinowski eine systematische Theorie zur funktionalistischen Erforschung fremder Kulturen und Gesellschaften. Seine These beruhte darauf, dass alle bestehenden Kulturformen als spezifische Formen der Befriedigung menschlicher Grundbedürfnisse aufgefassten werden. Somit ist jede Kultur als besonderer Ausdruck der Interpretation und Veräußerung von primären biologischen und kulturell überformten Bedürfnissen zu sehen. Jedoch muss die bedürfniszentrierte Betrachtungsweise auf den Raum bezogen werden, denn zur Befriedigung vorhandener Bedürfnisse brauchen wir einen bestimmten Raum. Eine bedeutende Persönlichkeit in diesem Zusammenhang ist Wolfgang Hartke. Er war von 1952 bis 1975 als Professor am Geographischen Institut der Technischen Universität München tätig und einer der Hauptakteure, der die deutsche, geographische und etablierte Perspektive veränderte.

Ein weiterer Hauptakteur ist Hans Bobek (*1903 †1990), ein österreichischer Geograph, der in geographischen Instituten der Universitäten Wien und Freiburg lehrte und ebenfalls die Ausrichtung der Sozialgeographie mitprägte (vgl. HEINEBERG 2007, S. 303). Somit führte insbesondere im deutschsprachigen Bereich im Rahmen stadtgeographischer Betrachtungen Bobek (1927) die funktionale Methode ein (vgl. MAIER et al. 1977, S. 17). Nach Bobek ist als wesentlicher Aspekt die Zurückführung der Kulturlandschaftsformen auf sechs sozialgeographische Funktionen bzw. „Sozialfunktionen" zu betrachten (vgl. STORKEBAUM 1969, S.50).

Für Bobek sind die sechs Sozialfunktionen die biosoziale, oikosoziale, politische, toposoziale und migrosoziale Funktion sowie die Kulturfunktion (vgl. FLIEDNER 1993, S. 296). Diese Funktionen bilden das sogenannte „[…] soziale Kräftefeld" (STORKEBAUM 1969, S. 50).

Nach den Leitkriterien von Le Corbusier ist die Funktionale Stadtplanungstheorie auf die Befriedigung der menschlichen Grundbedürfnisse auszurichten. Demnach ist die räumliche Gestaltung mit dem Konflikt zwischen Privatinteressen und funktionellen Erfordernissen konfrontiert. Heutzutage wird ein Großteil der europäischen Städte mit dem Planungskonzept nach Le Corbusier betrieben, so dass man mithilfe von Flächennutzungsplänen oder Regionalplänen den zu planenden Bereich in bedürfnisorientierte Kategorien aufteilt.

Nach B. Werlen ist unter funktionalem Denken eine Betrachtungsweise zu verstehen, in der eine Menge von Elementen, unter dem Gesichtspunkt ihrer Funktion für das Ganze, auf verschiedenen analytischen Ebenen miteinander, in Beziehung gebracht werden. Schließlich seien sie ihrer Verschiedenheit unter einer einheitlichen Bezugskategorie derart zuzuordnen, dass die Elemente dann vergleichbar sind. Werlen beschreibt, „[…] wie der Geodeterminismus die traditionelle Geographie bestimmte steht auch der Funktionalismus in der Tradition des Anspruchs, die Sozial- und Kulturlandschaften – dem Ideal der Einheitswissenschaft entsprechend – nach naturwissenschaftlichem Vorbild zu entwickeln" (WERLEN 2008, S. 168).

Somit sind die Kernthesen der bedürfniszentrierten funktionalen Sozialgeographie die Verhältnisse von Gesellschaft und Raum. Die Aufgabe der wissenschaftlichen Sozialgeographie ist folglich die Erklärung und Analyse des Gesellschaft-Raum-Verhältnisses. Nach Ruppert und Schaffer (1969) hat sich die von ihnen vertretene sozialgeographische Konzeption zwangsläufig aus der funktionalen Anthropogeographie entwickelt (vgl. HEINEBERG 2007, S. 28).

Schlussfolgernd kann gesagt werden, dass die funktionalistische Sozialgeographie und die funktionale Stadtplanung in einem spezifischen Spannungsfeld von alltäglichen Problemsituationen sowie wissenschaftlicher Theorieentwicklung entstanden sind und die funktionale Anthropogeographie ein relevantes Fundament des Münchener Ansatzes darstellt.

Desweiteren stellt der „Funktionalismus […] eine vielgeübte Methode dar, welche die wichtigsten Lebensbereiche nach ihren Zusammenhängen analysiert und nach gewissen Wertvorstellungen (Leitbildern) räumlichen Ordnungszielen unterwirft" (MAIER et al. 1977, S. 17).

3. Die Entwicklung der „Münchener Schule"

„Die Sozialgeographie gehört zu den jüngsten Forschungsrichtungen in der Geographie" (MAIER et al. 1977, S. 9). Sie bildete sich in den 20er, 30er und besonders in den 50er Jahren des zwanzigsten Jahrhunderts heraus (vgl. FLIEDNER 1993, S. 1). Die Sozialgeographie ist an der Schnittstelle der klassischen Erkenntnisinteressen von Geographie und Soziologie angesiedelt (vgl. WERLEN 2008, S. 11). In Deutschland war sie über einen großen Zeitraum von der geodeterministischen Vorstellung geprägt. So konzentrierte man sich auf den wissenschaftlichen Nachweis, dass die (natur-) räumlichen Bedingungen für das menschliche Handeln bestimmend sind (vgl. GEBHARDT et al. 2007, S. 580). Man ging davon aus, dass der „Raum" die Gesellschaft prägt (vgl. GEBHARDT et al. 2007, S. 580).

Der Hauptvertreter dieser Ansicht war Friedrich Ratzel (*1844 †1904), der den Naturdeterminismus in der Sozialgeographie verankerte. Friedrich Ratzel lehnte sich an die biologische Ansicht an, mit dem der Staat als ein Organismus gleichgesetzt wird, wonach es auf einem Boden auch nur ein Volk geben kann. Dies These wurde im Nationalsozialismus von Karl Haushofer für die „Lebensraum"- Ideologie wieder aufgenommen.

Schon vor dem Ende des 2. Weltkriegs blühte eine sozialgeographische Betrachtungsweise nach Busch-Zantner auf. Diese wurde jedoch durch die Dominanz, der gesellschaftlich-räumlichen Thematik durch die nationalsozialistische Geopolitik mit ihrer Kopplung von Blut- und- Boden- Ideologie und aggressiver Expansionspolitik, in der Weiterentwicklung und Entfaltung verhindert (vgl. WERLEN 2008, S. 83).

Nach dem 2. Weltkrieg hingegen bildete die Kulturlandschaft das oberste Ziel in der Sozialgeographie (vgl. GEBHARDT et al. 2007, S. 584). Zu diesem Zeitpunkt stand erstmals eine deskriptive Disziplin im Mittelpunkt ohne theoretische Basis. Erst nach Eintritt des funktionalen Denkens in die Sozialgeographie entwickelte sich die Perspektive weiter.

Durch ein Planungs- und Analysekonzept der Sozialgeographie wurden die menschlichen Bedürfnisse in die Raumforschung und Raumplanung mit einbezogen, was als „Münchener" Sozialgeographie beschrieben wird.

Signifikant für die „Münchener Schule" war die Landschaftsforschung von Hans Bobek sowie die Gesellschaftsforschung Hartkes, aus der sich Ende der 1960er Jahre die „Münchener Schule" der Sozialgeographie entwickelte (vgl. SCHENK et al. 2005, S. 147).

Nach Bobek (1948) wird die Aufgabe der Kulturlandschaft in der Identifizierung jener sozialen Kräfte gesehen, welche der Herstellung von Kulturlandschaften zugrunde liegt (vgl. GEBHARDT et al. 2007, S. 584). Bobek beeinflusste mit seinem Vortrag (1947) auf dem Bonner Geographentag zur „Stellung und Bedeutung der Sozialgeographie" die Sozialgeographie maßgeblich (vgl. WEICHHART 2008, S. 18). Nach Wolfgang Hartke begreift man dagegen Kulturlandschaft als ein Ergebnis sozialer Aktivitäten und die Landschaft als Registrierplatte menschlich raumbezogenen Handelns (vgl. HEINEBERG 2007, S. 29). Dies stellt den sogenannten Ausgangspunkt der sozialgeographischen Gesellschaftsforschung im Rahmen des Indikatorenansatzes dar (vgl. GEBHARDT et al. 2007, S. 584). Damit ist eine völlige Abkehr von der determinierenden Rolle der Natur geschaffen (vgl. HEINEBERG 2007, S. 29). Im Vergleich zu Bobek wollte Hartke das raumbezogene Handeln solcher Gruppen im lokalen Maßstab näher untersuchen (vgl. SCHENK et al. 2005, S. 149). Schlussfolgernd war ab dem Ende der 60er Jahre die Berücksichtigung menschlicher und sozialer Gruppen und Gesellschaften in städtischen Räumen unter prozessualen Aspekten in den Vordergrund gerückt, was schließlich mit der Etablierung der „Münchener Schule" der deutschen Sozialgeographie zustande kam (vgl. RUPPERT et al. 1969 S. 209). Als Gründer der „Münchener Konzeption der Sozialgeographie" sind Karl Ruppert, Franz Schaffer, Jörg Maier und Reinhard Paesler, die am Institut für Wirtschaftsgeographie der Universität München arbeiteten, zu nennen. Parallel gab es ebenfalls Ende der 60er Jahre eine Überlappung der strukturellen Phase, die vor allem durch die Arbeiten der oben erwähnten Persönlichkeiten zum Wohn-, Freizeit- und Bildungsverhalten, in denen sich stärker sozialprozessuale Sichtweise zeigten, niederschlug (vgl. THOMALE 1972, S. 262). Durch das verfasste Lehrbuch von Maier, Paesler, Ruppert und Schaffer (1977) stellten sich die Anwendungsmöglichkeiten der Sozialgeographie in den Mittelpunkt (vgl. FLIEDNER 1993, S. 1).

Später gewann die „Münchener Schule" in den 70er und 80er Jahren nach Etablierung der Sozialgeographie starken Einfluss in der Geographie und wurde somit auch in Fachkreisen diskutiert und kritisiert. Desweiteren wurden durch den

Einfluss der Sozialgeographie neue Teilbereiche der Geographie an den Universitäten verankert, wodurch beispielsweise ein neuer Studiengang der Raumplanung aufgenommen wurde. Sie wurde auch in Schullehrpläne eingegliedert.

Nach Benno Werlen sind die Tätigkeiten der „Münchener Schule" die Arbeiten von Hans Bobek und Wolfgang Hartke zusammenzufassen und unter anderen sozialpolitischen Perspektiven zu erneuern (vgl. WERLEN 2008, S. 174). Durch die Zusammenfassung dieser beiden Ausgangspunkte entwickelte sich eine stärkere raumplanungsorientierte Sozialgeographie, nach der der „Raum" einen Aktionsraum einer sozialgeographischen Gruppe darstellt (vgl. GEBHARDT et al. 2007, S.584).

Hans Bobek besaß die Auffassung, dass ausschließlich Gesellschaften und Gruppen sozialgeographisch relevant seien, nicht aber menschliche Individuen (vgl. WEICHHARDT 2008, S. 20). Folglich stellte für Bobek die „Münchener Schule" der Sozialgeographie menschliche Gruppen als „[...] Träger der Funktionen und Schöpfer räumlicher Strukturen" (RUPPERT et al. 1969, S. 209) heraus.

Ruppert und Schaffer sahen die Landschaft als ein Prozessfeld (vgl. FLIEDNER 1993, S. 134). Somit sind die Sozialgruppen nicht nur als Träger von Funktionen zu sehen, sondern auch als Träger räumlicher Prozesse sogenannte Prozessträger (vgl. FLIEDNER 1993, S. 134).

Des Weiteren haben nach Ruppert die verschiedenen Sozialgruppen ihre gruppenspezifischen Reaktionsreichweiten (vgl. FLIEDNER 1993, S. 134). Demnach wird der Raum als ein „Kapazitäten- Reichweiten- System" darstellt, in dem gruppenspezifische Reichweiten sozialer Aktivitäten mit den raumgebundenen Einrichtungen und ihren Kapazitäten verknüpft werden (vgl. SCHENK et al. 2005, S. 152).

So kam eine sozialgeographische Perspektive zustande, die sich mit der Stadtforschung und den Daseinsgrundfunktionen innerhalb städtischer geprägter Räume beschäftigte, die sich auf Aktivitäten von sozialen Gruppen, Schichten oder anderen Merkmalsgruppen bezog (vgl. HEINEBERG 2007, S. 303). Folglich wurde die Gruppenhaftigkeit menschlichen Wirkens im Raum stärker berücksichtigt (vgl. HEINEBERG 2007, S. 29).

Zusammenfassend soll sich nach Ruppert und Schaffer durch die Herausstellung der „Aktivitäten menschlicher Gruppen" und der „Landschaft als Registrierplatte menschlichen raumbezogenen Handelns" eine methodische Neuorientierung der

Anthropogeographie entwickeln, die alle deren Teilbereiche gleichermaßen zu erfassen hatte, die Sozialgeographie (vgl. GEBHARDT et al. 2007, S. 636).

Nach Schaffer (1968) soll die Sozialgeographie als „[…] Wissenschaft von den räumlichen Organisationsformen und raumbildenden Organisationsprozessen der Grunddaseinsfunktionen menschlicher Gruppen und Gesellschaften verstanden werden" (RUPPERT et al. 1969, S. 210).

4. Die Daseinsgrundfunktionen

Die Daseinsgrundfunktionen bzw. Grundfunktionen (DFG) der „Münchener Schule" haben ihren Ursprung in den menschlichen Daseinsäußerungen nach Bobek.

Das Konzept der Daseinsgrundfunktionen ist ein „[…] sozialgeographischer Ansatz zur Beschreibung und Analyse der sozial- und funktionsräumlichen Gliederung von Räumen und zur normativ orientierten Planung der Anordnung der Funktionen" (REUBER 2000, S. 21).

Die Grundfunktionen menschlicher Daseinsäußerung verbindet nach Ruppert und Schaffer ein mehrseitiges Abhängigkeitsverhältnis. Dies bedeutet, dass sie ein sogenanntes anthropogenes Kräftefeld bilden, ein komplexes Wirkungsgefüge, das in engerer Wechselwirkung mit der natürlichen Umwelt steht (vgl. RUPPERT et al. 1969, S. 209). Diese menschlichen Daseinsfunktionen besitzen spezifische Flächen- und Raumansprüche sowie „verortete" Einrichtungen, deren regional differenzierte Muster die Geographie zu erfassen und wissenschaftlich zu erklären hat (vgl. RUPPERT et al. 1969, S. 209).

Folglich werden die DGF so definiert: „Daseinsgrundfunktionen sind solche grundlegenden menschlichen Daseinsäußerungen, Aktivitäten und Tätigkeiten, die allen sozialen Schichten immanent (= innewohnend, in etwas enthalten), massenstatistisch erfassbar, räumlich und zeitlich messbar sind und sich raumwirksam ausprägen" (HEINEBERG 2007, S. 27). Die DGF leiten sich somit an menschlichen Grundbedürfnissen ab, die den oben genannten vier Kriterien unterworfen werden. Deshalb gibt es auch je nach Kulturkreisen und Epochen eine Variation der Funktionen (vgl. REUBER 2000, S. 29).

Ruppert und Schaffer haben ein Modell der Funktionen von D. Partzsch (1965) übernommen, der versuchte, die Raumansprüche der Gesellschaft

(„Funktionsgesellschaft") zu ordnen (vgl. FLIEDNER 1993, S. 296). Sie haben das Modell als eine primäre Vorlage der Sozialgeographie eingegliedert (vgl. Abb. 1).

Das Modell basiert auf einem Katalog von sieben kategorialen Grunddaseinsfunktionen des Menschen und wurde in Anlehnung an die „Chatha von Athen" aufgestellt (vgl. LENG 1973, S. 122f).

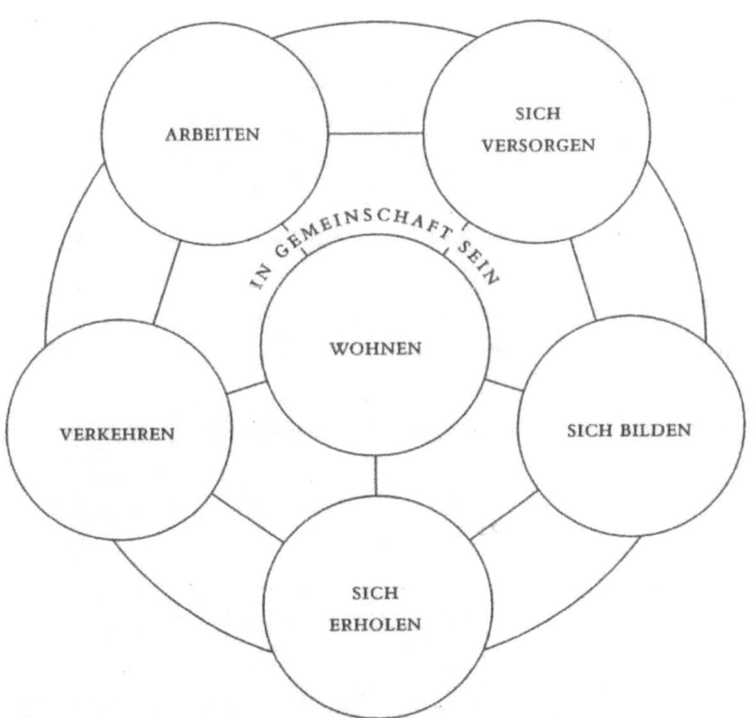

Abbildung 1: Daseinsgrundfunktionen (Quelle: WERLEN 2008, S. 176)

In dem Modell ist erkennbar, dass alle Funktionen miteinander in Zusammenhang stehen und in der Gemeinschaft involviert sind. Sieht man die Funktionen in planungsorientierter und angewandter Sozialgeographie herrscht ein duales Prinzip der funktionalen Affinitäten (z.B. Einkaufen und Dienstleistungen) und der funktionalen Konkurrenzen (z.B. Wohnen und Durchgangsverkehr) (vgl. REUBER 2000, S. 29).

Die Grundthese vom Modell ist, dass alle verorteten Einrichtungen der Infrastruktur, um die sich Aktionsräume der Menschen aufspannen, der Befriedigung der sieben Grundbedürfnisse dienen (vgl. GEBHARDT et al. 2007, S. 590).

Das Hauptaugenmerk wird nach Bobek auf die menschlichen Gruppen abgestellt, die als Träger der Funktionen und Schöpfer räumlicher Strukturen betrachtet werden (vgl. STORKEBAUM 1969, S. 47). Dies signalisiert die Zuwendung zum Menschen selbst und die höhere Priorität des Individuums. Somit steht der Mensch im Mittelpunkt der Betrachtungsweise, der als Hauptakteur die Kulturlandschaft beeinflusst und nicht mehr die sichtbaren Elemente der Kulturlandschaften selbst. Die Kulturlandschaft stellt ein „komplexes Gefügebild räumlicher Strukturmuster der sieben Daseinsgrundfunktionen der Gesellschaft eines Gebietes" (MAIER et al. 1977, S. 18) dar. Ein wesentliches Merkmal der DGF ist die Objektivität und dass ihre Aufgaben nach den verschiedenen Bedürfnissen der Individuen ausgerichtet wird. Schlussfolgernd ist es so, dass der handelnde Mensch seinen Raum entsprechend seinen Bedürfnissen verändert. Die „Münchener Schule" ist der Auffassung, dass die Träger der Grunddaseinsfunktionen soziale Gruppen darstellen und in einem bestimmten Sozialzusammenhang des Miteinanderlebens eingebunden sind. Somit zeichnet sich eine soziale Gruppe im Sinne des soziologischen Grundverständnisses unter anderem durch den Interaktions- bzw. Kommunikationszusammenhang der einzelnen Mitglieder aus (vgl. REUBER 2000, S. 22). Die Zielsetzung der Daseinsgrundfunktionen ist in rekonstruktiv-analytischer Hinsicht, dass die bestehende räumliche Ordnung über die Darstellung der Herstellungsprozesse erklärt wird (vgl. GEBHARDT et al. 2007, S. 590). Somit werden die Daseinsgrundfunktionen ganz auf die raumordnerische Praxis bezogen (vgl. FLIEDNER 1993, S. 135). Zusätzlich ist eine Zielsetzung, dass in konstruktiv- planerischer Hinsicht über die (raumplanerische) Bereitstellung von Nutzflächen für die Möglichkeit einer ausgewogenen Befriedigung menschlicher Bedürfnisse gesorgt wird (vgl. GEBHARDT 2007, S. 590). Nach Partzsch sind die sieben Daseinsgrundfunktionen Wohnung, Arbeit, Versorgung, Bildung, Erholung, Verkehr und Kommunikation (vgl. FLIEDNER 1993, S. 296). Hierzu ist anzumerken, dass für die Zahl der Grundfunktionen keine normative Festsetzung gilt, jedoch darf sie auch nicht willkürlich vermehrt werden (vgl. MAIER et al. 1977, S. 19). Nach Ruppert und

Schaffer ist eine „Wertstafflung der Daseinsgrundfunktionen [...]wenig sinnvoll, denn keine der genannten Funktion darf verkümmern [...]" (RUPPERT et al. 1969, S. 209). Die räumliche Anordnung der Grundfunktionen ist nach wie vor die Leitlinie für die planerische Anordnung und Steuerung der Entwicklung räumlicher Strukturen (vgl. REUBER 2000, S. 29). Somit haben sie heute eine große praktische Relevanz, beispielsweise in Form der Flächennutzungspläne in der Stadtplanung (vgl. GEBHARDT et al. 2007, S. 590). Sie werden in die deskriptive, analytische und normativ-planerische Funktion aufgegliedert (vgl. REUBER 2000, S.32).

5. Die „Münchener Schule"

In der bisherigen Ausarbeitung wurde deutlich, dass sich der Forschungsgegenstand der „Münchener" Sozialgeographie auf die Lösung von sozioökonomischer Strukturen und Funktionen stützt. Die „Münchener Schule" fundierte wichtige Aspekte, die als wesentliches Merkmal der Sozialgeographie angesehen werden.

Der erste Gesichtspunkt bezieht sich auf die Klärung der Kulturlandschaft auf Grundlage der Daseinsgrundfunktionen. Zusätzlich ist der Aspekt der Untersuchung von den Aktionsräumen von sozialen Gruppen bzw. sozialgeographischen Räumen im Betrachtungsmittelpunkt. „Der sozialgeographische Raum umfasst die verorteten Bezugsysteme sozialen Handelns, die bei der Entfaltung der Grundfunktionen gesellschaftlicher Existenz entstehen, [...] die Räume stellen sich als Kapazitäten-Reichweiten- System dar" (SCHENK et al. 2005, S. 189). Der sozialgeographische Raum wird auch als „funktionaler sozialer Raum" charakterisiert. Deshalb entwickelte die „Münchener Schule" nach forschungspragmatischen Überlegungen zwei unterschiedliche Formen sozialgeographisch relevanter Gruppenbegriffe, wie die sozialgeographischer Verhaltensgruppe und die sozialgeographische Merkmalsgruppe (vgl. REUBER 2000, S. 22f). Zusätzlich rekonstruiert die „Münchener Schule" die räumlichen Strukturen und die Raumansprüche der Daseinsgrundfunktionen. Somit stehen die Daseinsgrundfunktionen, Gesellschaft, Arbeit, Wohnen, Versorgen, Erholen, Bilden und Verkehr im Fokus der Münchener sozialgeographischen Forschung. Das Konzept dahinter beruht auf der These, dass durch die Funktionen alle vorhandenen Muster der menschlichen Mobilität innerhalb des Raumes zu erkennen sind. Die Träger dieser Funktionen sind die sozialen Gruppen, denen die höchste Priorität zugeordnet wird. Den Daseinsgrundfunktionen sind Flächen und verortete Einrichtungen zugeordnet, deren regional differenzierte

Muster die Geographie erfassen. Der Raum wird nach der Sozialgeographie der „Münchener Schule" vor allem als „Prozessanzeiger" und „Indikator" angesehen, an dem sich soziale Prozesse, insbesondere Veränderungen, ablesen lassen (vgl. REUBER 2000, S. 24). Ein zusätzliches Ziel ist einen Bezug zur Raumplanung herzustellen. So werden Räume geschaffen, die durch menschliche Grundbedürfnisse und Lebensbedingungen gestaltet und verändert werden. So werden heute zum größten Teil für Planungskonzepte, wie beispielweise einer Großstadt, die Bedürfnisse sozialer Gruppen analysiert. Sie stellen die Leitkriterien der Planung der Stadt dar. Desweiteren beschreibt sie die Gesellschaft als ein strukturalistisches System aus Dynamik und Persistenz, in dem die sozialen Gruppen die auf Veränderung drängende Komponente bilden und der Raum ihnen als beharrende Struktur gegenübergestellt wird, die eine gewisse Dauerhaftigkeit garantiert (vgl. REUBER 2000, S. 27). Folglich zeichnen sich die räumlichen Strukturen im Vergleich zu den sozialen Strukturen durch das „Prinzip der Peristenz" (Dauerhaftigkeit), aus (vgl. WERLEN 2008, S. 180).

6. Die Kritik an dem Ansatz der „Münchener Schule"

Nach dem Durchsetzen der „Münchener Schule" in der Sozialgeographie wurde der Ansatz bis zum heutigen Tag diskutiert und kritisiert. Einige Bekannte Kritiker sind Prof. Dr. Eugen Wirth, Gunther Leng, Prof. Dr. Alois Kneisle, Prof. Dr. Tilman Rhode Jüchtern und Michael Fürstenberg (vgl. WERLEN 2008, S. 198).

Kritisiert wird die praktische Umsetzung des sozialgeographischen Forschungsansatzes der „Münchener Schule" (vgl. HEINEBERG 2007, S. 30). So vor allem bei dem sozialgeographischen Gruppenkonzept. Die Beliebigkeit der Daseinsgrundfunktionen macht es schwer Nachvollziehbar darzustellen, wie die Gruppen zugeordnet werden. Ruppert und Schaffer streiten nicht ab, dass weitere Überlegungen zur Präzisierung der Raumrelevanz der Grundfunktionen angestellt werden müssen (vgl. RUPPERT et al. 1974, S. 116).

Nach Leng (1973) herrscht aus marxistisch- geographischer Sicht eine Ungleichheit zwischen der „Arbeit" und den übrigen Daseinsgrundfunktionen (vgl. SCHENK et al. 2005, S. 154). Die Funktion „Arbeit" soll eine zentrale Stellung einnehmen, die übrigen Funktionen werden somit nachgeordnet (vgl. LENG 1973, S. 126). „Überhaupt werde das politische- gesellschaftliche Umfeld nicht richtig gewichtet" (FLIEDNER 1993, S. 135). Als Gegenantwort auf diese Kritik äußerte sich Ruppert und Schaffer, dass für sie keine Hierarchisierung durchzuführen sei, denn das Auftreten aller von ihnen genannten Grundfunktionen sei typisch für die damalige Funktionsgesellschaft (vgl. RUPPERT et al. 1974, S. 116). Ebenso wie Leng sieht Wirth (1977) die Unvergleichbarkeit verschiedener Daseinsgrundfunktionen (vgl. FLIEDNER 1993, S.135).

Nach Wirth besitzen die Funktionen einen primären Zuordnungszweck, dadurch sollen soziale Aspekte überwiegend übergangen werden. Er fordert eine Modifizierung der klassischen Konzepte sozialer Schichtungen und Gruppen (vgl. HEINEBERG 2007, S. 30). Jedoch gibt es keinen Zwang Alles und Jedes stets und ständig einer der Grundfunktionen zuzuordnen, sondern dass es durchaus zu Zuordnungsüberschneidungen raumwirksamer Verhaltensweisen kommen kann (Birkenhauer) (vgl. MAIER et al. 1977, S. 19). Desweiteren kritisiert Wirth (1977), dass bei der Konzeption der Daseinsgrundfunktionen sowohl eine Gewichtung, als auch eine theoretische Fundierung vermisst werden (vgl. Schenk et al. 2005, S. 154). Diese Ansicht vertritt ebenfalls Leng (vgl. LENG 1973, S. 127). Dies begründet Wirth damit, dass keine Bezüge zu den etablierten Gruppenkonzepten der Soziologie und Sozialpsychologie hergestellt werden (vgl. SCHENK et al. 2005, S. 154). Wirth verwirft damit das Konzept der Grunddaseinsfunktionen (vgl. WEICHHART 2008, S. 53). Dagegen vertreten Maier, Paesler, Ruppert und Schaffer die Ansicht, dass es keinen Anlass gebe, warum man nicht eigene, der geographischen Fragestellung angepasste Begriffe entwickeln und verwenden dürfte (vgl. MAIER et al. 1978, S. 266).

Andererseits kritisiert Leng (1973), dass nicht Gruppen und ihre Motivationen der Ausgangspunkt einer sozialgeographischen Betrachtung sein sollten, sondern gesamtgesellschaftliche Makrostrukturen (vgl. SCHENK et al. 2005, S. 154).

Gleichermaßen resultieren Probleme aus der räumlich und zeitlich sehr unterschiedlichen Gruppenzugehörigkeit der einzelnen Individuen oder aus der Unzugänglichkeit der amtlichen Massenstatistik für die Bestimmung echter Sozialgruppen und sozialräumlicher Gebietseinheiten (vgl. HEINEBERG 2007, S. 30). So stellen die methodischen Hauptprobleme die empirische Erfassung und Bewertung der Raumrelevanz spezifischer Wahrnehmungs-, Verhaltens-, Kommunikations- und Entscheidungsvorgänge dar (vgl. HEINEBERG 2007, S. 30). Ein Vorwurf der Kritiker ist ebenso, dass die Funktionslosigkeit der Gesellschaft nicht die Weiterentwicklung der Gesellschaft berücksichtigt. So ist bei dem

Zusammengang von Raum und Gesellschaft die Frage, wie sehr der Raum handlungsspezifisch konstruiert ist. In Fachkreisen wird eher die These vertreten, dass die Gesellschaft heute überwiegend vom Raum unabhängig ist und sich der Raum vom Menschen beeinflussen lässt und nicht umgekehrt. Folglich gestaltet die Gesellschaft den Raum selbst. Desweiteren kommen beim sozialgeographischen Ansatz die wirtschaftswissenschaftliche Grundperspektive zu kurz. Vor allem die Berücksichtigung ökonomischer Regelhaftigkeiten, aber auch die technischen Kräfte mit ihren erheblichen raumdifferenzierten Wirkungen, zu kurz (vgl. HEINEBERG 2007, S. 30). Allgemein herrscht keine Berücksichtigung des komplexen Individuums im Raum, sodass die Betrachtungsweise auf die Bedürfnisse und die Funktionen des Subjekts nicht ausführlich genug aufgefasst wird.

Ein weiterer relevanter Kritikpunkt ist, dass sich der Ansatz kaum auf ländliche Regionen beziehen lässt. Im Vergleich dazu wird Bobek`s Landschaftsforschung kaum auf die urbanen Räume greifen. Nach Reuber war die Münchener Sozialgeographie weit entfernt von einer angemessenen Integration räumlicher Strukturen als Elemente sozialer Kommunikation, wie sie im Konstruktivismus und im methodologischen Individualismus grundgelegt worden sind (vgl. REUBER 2000, S. 28).

Benno Werlen (1988) meint: „[...]die ‚Münchener Konzeption der Sozialgeographie' von Ruppert und Schaffer (1969, 1977), die sich um eine Synthese der Grundgedanken der ‚funktionalen Phase' sowie derjenigen von Bobek und Hartke bemüht, ist auf dem Wege der Entwicklung der Sozialgeographie zu einer sozialwissenschaftlichen Disziplin als ein Rückschritt auszuweisen" (FLIEDNER 1993, S. 136).

Noch härter kritisiert Weichhart die „Münchener Schule" und beschreibt sie wie Günter Heinritz (1999) als „[…]ein Siegeszug ins Abseits" (vgl. WEICHHART 2008, S. 53).

7. Fazit

Rückblickend wird der „Münchener" Ansatz als prägende wissenschaftliche Disziplin der Sozialgeographie gesehen. Die Konzepte von Bobek und Hartke wurden zu der Münchener sozialgeographischen Wissenschaft weiterentwickelt, welche die sieben Daseinsgrundfunktionen als Kern betrachtet. Diese Grundfunktionen wurden mit dem Gedanken eingeführt, um „[…] die Motivationen der sozialgeographischen Prozesse zu typisieren" (FLIEDNER 1993, S. 296). Somit werden heute die Rekonstruktion der räumlichen Muster und der Raumanspruch der DGF als erste Aufgabe der Sozialgeographie gesehen. Zusätzlich betrachtet man heute das Leitbild der räumlichen Trennung der DGF als normative Basis der Raumplanung. Es erschließt sich, dass durch die Kulturlandschaft entsprechende Bewertungsvorgänge und darauf beruhende Reaktionsketten sozialgeographischer Gruppen erklärt werden soll. Wesentlich bei dieser Betrachtungsweise ist die These, dass sich die räumlichen Strukturen und die gesellschaftliche Wirklichkeit unterschiedlich schnell verändern, denn die Raumstrukturen sind dem „Prinzip der Persistenz" unterworfen. Ebenfalls ist davon auszugehen, dass die Aktionsräume sozialer Gruppen bzw. sozialgeographische Räume ein Kapazitäten- Reichweiten-System darstellen (vgl. WERLEN 2007, S. 180). So wird der Raum durch menschliches Verhalten wie beispielsweise der Mobilität erklärt, jedoch steht auch im Gegensatz der Einfluss des menschlichen Verhaltens, der den Raum durch Nutzung und Bebauung verändert.

Somit hat der Ansatz die Forschung zum sozialen System, mit seiner komplexen Gestalt, also dem Menschen selbst, hingeführt. Dabei ist zu beachten, dass die quantitativ- szientistische Sozialgeographie nicht auf das Individuum, sondern primär auf das raumbezogene Handeln menschlicher Gruppen ausgerichtet ist (vgl. REUBER 2000, S. 22). Genauer betrachtet wird der zweite wesentliche Aspekt der „Münchener Schule" auf die Wahrnehmung der sozialen Organisierbarkeit des Menschen. Folglich mit der Auffassung das Träger der DGF soziale Gruppen seien (vgl. WEICHHART 2008, S. 38). Grundsätzlich gab die Forschung einen relevanten Impuls für die Anthropozentrierung der Humangeographie, also die verstärkte Hinwendung zum Individuum (vgl. WEICHHART 2008, S. 38). Zentraler Punkt der Funktionen soll die Erklärung der räumlichen Erscheinungen der Gesellschaft aus dem Zusammenspiel der Gruppen und ihrer Funktionen sein und schließlich aber auch die isolierten Teildisziplinen der Anthropogeographie zu einer übergreifenden sozialgeographischen Perspektive zusammenführen (vgl. WERLEN 2004, S. 187) Desweiteren geht man heute davon aus, dass die „räumlichen Bedingungen immer erst in kulturell, gesellschaftlich und wirtschaftlich interpretierter Form relevant sind" (GEBHARDT et al. 2007, S.580)

Jedoch gibt es viele Kritiker des Münchener sozialgeographischen Ansatzes, die mit der Auslegung und Interpretation oder sogar dem Grundgerüst nicht einverstanden sind. Hierzu möchte ich gerne auf die Quelle Weichhart verweisen, der eine sehr ausgeprägte Kritik niedergeschrieben hat und das komplette Konzept ausführlich hinterfragt.

Grundlegend kann man jedoch sagen, dass die Denkperspektive Bobek`s, Hartke`s und ihrer Schüler dafür gesorgt hat, dass wir heute durch sie einen sehr bedeutsamen Innovationsschub bezüglich der Entwicklung der Humangeographie zu verdanken haben. Es wird zurzeit immer noch über diese Art und Interpretation der Sozialgeographie diskutiert. Schließlich sollte sich eine Wissenschaft mit den verschiedensten Ansätzen auseinandersetzen, damit diese nicht in der „derzeitigen Theoriediskussion verharren" (MAIER et al. 1977 S. 275).

8. Literaturverzeichnis

Monographien

FLIEDNER, D. (1993): Sozialgeographie. Lehrbuch der allgemeinen Geographie, Bd. 13. Berlin

Gebhard, H., R. GLASER, U. RADTKE u. P. REUBER (2007): Geographie. Physische Geographie und Humangeographie. München

HEINEBERG, H. (2007): Einführung in die Anthropogeographie/Humangeographie. 3.Auflage Paderborn

MAIER J. (1977): Sozialgeographie. In: Das Geographische Seminar, 1.Auflage. Braunschweig

REUBER, P. (2000): Sozialgeographie. Vorlesungsmanuskript WS 1999/2000. Mainz

SCHENK, W. u. K. SCHLIEPHAKE, (2005): Allgemeine Anthropogeographie. Gotha, Stuttgart

STORKEBAUM, W.(1969): Sozialgeographie. Darmstadt

THOMALE, E. (1972): Sozialgeographie. Eine disziplingeschichtliche Untersuchung zur Entwicklung der Anthropogeographie. Marburg, Lahn

WEICHHART, P.(2008): Entwicklungslinien der Sozialgeographie. Von Hans Bobek bis Benno Werlen. Stuttgart

WERLEN, B.(2008): Sozialgeographie. Eine Einführung, 3., überarbeitete Auflage, Bern, Stuttgart, Wien

Zeitschriften

LENG, G. (1973): Zur „Münchener" Konzeption der Sozialgeographie. In: Geographische Zeitschrift 61, S. 121-134

MAIER, J., R. PAESLER, K. RUPPERT u. F. SCHAFFER (1978): Sozialgeographie zum Diskussionsbeitrag von E. Wirth in der Geographischen Zeitschrift 1977. Geographische Zeitschrift 4, S. 262- 275

RUPPERT, K. u. F. SCHAFFER (1969): Zur Konzeption der Sozialgeographie. In: Geographische Rundschau 21, S. 205-214

RUPPERT, K. u. F. SCHAFFER (1974): Zu G. Leng`s, G. Kritik an der „Münchener" Konzeption der Sozialgeographie. In: Geographische Zeitschrift 2, S. 114-118

BEI GRIN MACHT SICH IHR WISSEN BEZAHLT

- Wir veröffentlichen Ihre Hausarbeit,
  Bachelor- und Masterarbeit

- Ihr eigenes eBook und Buch -
  weltweit in allen wichtigen Shops

- Verdienen Sie an jedem Verkauf

Jetzt bei www.GRIN.com hochladen und kostenlos publizieren